The Bauer Brothers: Images of Nature

鲍尔兄弟的自然画册

[英] 保罗·马丁·库珀（Paul Martyn Cooper）著

王蕾 译

重庆大学出版社

目录 *Contents*

前言 *Introduction*

　　"看着这些精美的图片，简直是一种享受。自然是显而易见的，艺术则是隐藏其中的。"德国著名诗人、评论家和植物学家歌德（1749—1832）在他1817年发表的论文《花卉插画》（*Blumenmalerei*）中是这样描述弗朗茨·鲍尔和弟弟斐迪南·鲍尔的画作的。歌德是可以看到鲍尔兄弟艺术作品的科学界精英之一。在那个时代，他们的作品并没有广泛发行。歌德曾经在他的赞助人萨克斯·魏玛公爵的藏书室阅读并研究过艾尔默·兰伯特（Aylmer Lambert）的《松属植物的描述》（*A Description of the Genus Pinus*，1803—1824出版）。他为兄弟俩的作品惊叹，他们对色调的把握、对透视的运用和对细节的观察都如实地反映在他们画的叶片、花朵和松科植物的种子中。

　　他们的作品和同时代的皮埃尔-约瑟夫·雷杜德（Pierre-Joseph Redouté，1759—1840）——他为法国约瑟芬皇后在其马尔梅森花园栽培的花卉绘制了大量的作品——形成了鲜明的对比。雷杜德的作品强调花朵的高雅，而不注重科学准确性；他出版并广泛地发行了《玫瑰之书》（*Les Roses*）（巴黎，1817—1824）和《百合之书》（*Les Liliacées*）（巴黎，1802—1816），为其在其所处的时代获得了极大的荣誉。然而，鲍尔兄弟在他们的作品中则严格地遵照科学性，比如严格按照卡尔·林奈（Carl Linnaeus，1707—1778）的植物分类系统来展示植物的生殖器官。

地中海白松

***Pinus halepensis,* Aleppo pine**

这幅地中海白松选自艾尔
默·兰伯特（Aylmer Lambert）
的《松属植物的描述》（*A
Description of the Genus Pinus*）
的第一册。歌德非常喜欢这
本书。书中有弗朗茨和斐迪
南的作品。歌德觉得两兄弟
在这本书中将艺术和科学完
美地结合在了一起。这株针
叶树的原型可能长在著名的
萨里郡的潘西尔花园或者兰
伯特自己位于威尔特郡的博
伊顿乡村庄园里。兰伯特将
这本书献给了约瑟夫·班克
斯爵士。

手工上色雕版
19 世纪早期
585mm×460mm

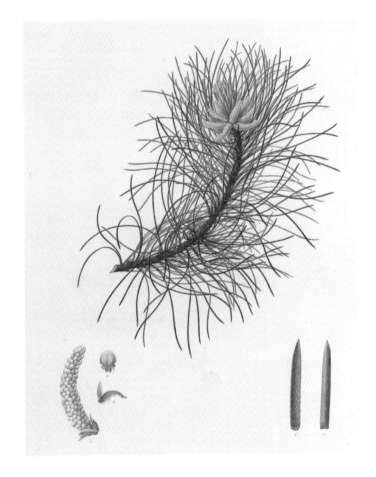

鲍尔兄弟的色标

这幅画来自一份保存在马德里皇家植物园档案馆的手稿。手稿在撒迪厄斯·哈恩克（Thadd-aus Haenke，1761--1816）的文件中被发现。哈恩克是 1789—1794 年由亚历山大·马拉斯皮纳（Alessandro Malaspina）领导的"马拉斯皮纳远征太平洋"探险队的科学家。但是，有可靠的证据表明这份色标就是 18 世纪 80 年代早期鲍尔兄弟为尼古劳斯·雅坎工作时使用的色标。普遍认为是雅坎将这份手制色标给了哈恩克。在后来的 19 世纪初期，就有了关于色标标准的出版物来帮助博物学艺术家们准确地定义自然界的颜色。

手绘稿
约 1780 年

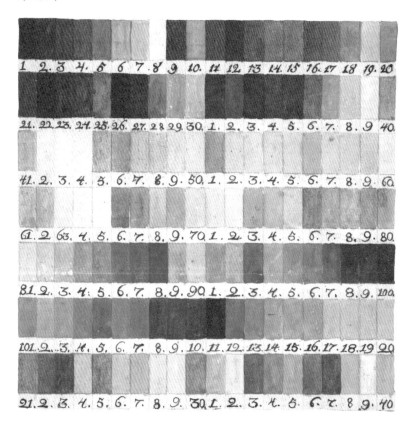

早期训练

弗朗茨·安德里亚斯·鲍尔（Franz Andreas Bauer）出生于 1758 年 3 月 14 日，他的弟弟斐迪南·卢卡斯·鲍尔（Ferdinand Lucas Bauer）出生于 1760 年 1 月 20 日。两人都出生在奥地利的菲尔德斯堡（Feldsberg），即现在的捷克境内的瓦尔季采（Valtice）。他们的父亲卢卡斯是列支敦士登大公的宫廷画师，大公的家族拥有大片的土地，包括在菲尔德斯堡的避暑别墅。卢卡斯的职责包括绘制精美的花卉和狩猎场景。不幸的是，他在 1762 年 7 月 28 日就去世了，留下妻子和七个孩子。这位母亲似乎有一些艺术才能，她鼓励自己的孩子们在成长的过程中临摹父亲的画作。

还在摸索的年代，弗朗茨、斐迪南和他们的兄弟约瑟夫（1756—1830）与诺伯特·博基厄斯博士（Dr Norbert Boccius，1729—1806）取得了联系。1763 年，博基厄斯被任命为菲尔德斯堡修道院的副院长和解剖学教授。他是列支敦士登家族的私人医生。也许是因为这层关系，他和鲍尔家族熟悉起来。他也是一位热心的植物学家，有自己的植物标本集，并负责看管修道院的药草园。

博基厄斯构思了一个花谱——用一套花卉的绘画集来描绘菲尔德斯堡及其周边的花卉。他训练这些年轻人——那时候他们都还不到 20 岁——为他的花谱进行准确、科学地绘画。这本书就是《植物之书》（Liber Regni Vegetabilis），也就是《列支敦士登典籍》（Codex Liechtenstein）。准确性是这本书最重要的特性，因为博基厄斯要用它来教导他的学生植物的结构。这本典籍一共包含 2 748 幅图画，其中大概有 1 800 幅出自鲍尔三兄弟，虽然只有很少的部分署了名，但是非常容易就可以被区分出来。因为相比博基厄斯雇佣的其他艺术家，他们的风格很统一、质量很高。鲍尔兄弟被教导在作品中使用色标，典籍中线稿的颜色被用数字标示出来，代表色标图里面的 140 种颜色。这样，可以在后期再上色。

1781 年，23 岁的弗朗茨成为维也纳美术学院的一名学生，不久后，斐迪南加入了他。结束了在博基厄斯那里的学徒生涯，兄弟俩遇到了在他们的艺术学习和发展中起至关作用的第二位关键人物：尼古劳斯·约瑟夫·冯·雅坎（Nikolaus Joseph von Jacquin，1727—1817）。雅坎是维也纳大学植物园的主管，也是维也纳大学植物学和化学的教授，还是奥地利皇帝在维亚纳郊外的美泉宫的花园的植物学顾问。

在1781—1795年，雅坎出版了《植物图鉴》（Icones Plantarum Rariorum），描述了维也纳地区的野生植物，也包括一些维也纳大学植物园中栽培的国外的植物。弗朗茨和斐迪南都为这部作品贡献了水彩画作，有可能还是他们自己刻的版。斐迪南在为这本书作准备时住在雅坎位于植物园的家中。兄弟俩为《图鉴》画的作品，相较以前为博基厄斯画的作品有了很大的进步。因为画家们需要绘制的花卉经常是已经解剖过的，所以他们不得不用放大镜来观察——这是以前没有过的。他们也开始习惯用非常好的画笔来捕捉植物的所有外部特征和内部结构。

弗朗茨在英格兰和邱园

1788年，雅坎获得皇帝的资助，让他的儿子约瑟夫－弗朗茨可以去欧洲，为美泉宫的花园收集植物。因为弗朗茨·鲍尔（当时30岁）卓越的工作，雅坎邀请他作为博物学的制图员加入约瑟夫－弗朗茨。两位年轻人于1788年5月离开维也纳，在游历了欧洲大陆之后，于当年的11月到达了英格兰。在英格兰的逗留是这段旅程中让年轻的植物学家和他的画家朋友最激动的。他们有机会参观了很多植物园、药园和苗圃，也拜访了很多园艺学的专业人士和植物学爱好者。

在那个时代，植物学的领军人物是约瑟夫·班克斯爵士（Sir Joseph Banks，1743—1820），直到1778年他都担任皇家学会的主席，也是位于邱（Kew）的皇家植物园的非官方负责人。他参与了詹姆斯·库克（James Cook）在1768年的第一次环球旅行，并对这次航行提供了一定的经济资助。他对英国科学的研究方向和科学探索都有着绝对的话语权，

弗朗茨·鲍尔（1758—1840）

肖像画

在邱（Kew）的皇家植物园图书馆里一共保存了两幅弗朗茨的肖像画，这是其中一幅。具体的画家和绘画年代不详。但是我们可以推测是受到约瑟夫·班克斯爵士的委托，献给在邱园做了 30 年驻园画家的鲍尔。即使班克斯在 1820 年去世，弗朗茨依然在邱园工作。但是，现在还没有发现斐迪南·鲍尔的肖像画。

布面油画

19 世纪早期

1068mm×863mm

而且这种影响力一直持续到他于 1820 年去世后。班克斯已经意识到弗朗茨作为植物插画家的声誉，邀请他到自己位于苏河区的家中——那儿简直就是一个他主持的博物学沙龙。

1789 年的晚些时候，就在弗朗茨准备启程回奥地利的时候，班克斯提出了工作邀请，他接受了。这毫无疑问令雅坎家族非常惊慌。弗朗茨成为邱园的第一位终身驻园画家。伦敦也常常邀请他去绘画那些被纳入花园的新植物。在班克斯的资助下，弗朗茨在这个岗位上坚持了 50 年。在此期间，他被授予"乔治三世陛下的御用植物学画家"的称号，这一荣誉延长到维多利亚女王时期。班克斯一直认为"一座植物园如果没有一位常驻的制图员来描绘新引进的花卉和水果图画，那将是一座不完整的植物园"。

在 18 世纪中叶，邱园基本上只是皇室的一座私家花园。它位于几座小小的乡村别墅的旁边，别墅里居住的是皇家成员。威尔士亲王的遗孀奥古斯塔王妃（1719—1772）建立了一座占地 9 英亩的药用植物园，在其中还根据植物学分科准备了苗圃。威尔士王妃（乔治三世的母亲）去世之后，国王授权班克斯对药圃进行非正式的管理。也是从那个时候开始，邱园开始担负起一个科学角色，成为了植物园的代表，直到现在世界闻名。

班克斯为国王分担着农业和农村方面的事务，因而赢得了国王的信任和友谊。1781 年，国王授予他爵位。班克斯将植物学形容为他"最爱的追求"，他非常热衷于促进大不列颠的经济、提升自己的政治利益，而植物学深深地激励着他，并在某种意义上给他提供了帮助。事实上，班克斯在邱园建立了一个科学的中心。在他管理植物园期间，上千种新植物从世界各地收集而来，也有些是送给他的礼物。他支撑着整个帝国的植物园发展，尤其是在印度和西印度群岛。而且促进了经济作物的栽种，比如说棉花、槐蓝属植物和辣椒，并促进了殖民地之间的植种交换。

班克斯认为，如果将邱园中的科学界未见过的新植物或者英格兰的新物种的图片进行出版，对于更广泛地科学交流将是非常有用的。第一部这样的作品《邱园》（*Hortus Kewensis*，1789）由威廉·艾顿（William Aiton）创作。艾顿是邱园的主管园艺家。书中包括一幅弗朗茨的作品。弗朗茨的《蜡梅》（*Calycanthus praecox*）由丹尼尔·麦肯齐（Daniel MacKenzie）雕版后，黑白印刷在这部三卷本的第二卷中。《邱园》第一版的出版时间和弗朗茨 1789 年 11 月接受班克斯的邀请相隔不远，很明显，班克斯在两人熟悉之后就委托弗朗茨作了这幅蜡梅作品。

在 1796 年，皇家植物园的第一期《异域植物栽培》（*Delineations of Exotick Plants Cultivated*）出版。弗朗茨画了欧石南属（*Erica*）的 10 种植物和帚石南（heather）。这些都是弗朗西斯·马森（Francis Masson）在南非海角专门为班克斯收集的。书上没有任何的描述信息，除了班克斯在前言中写的，每一幅画"都能自己回答植物学家想问的问题"。带着对细节的无比谨慎，弗朗茨展现出了每一个物种的独特特征，而且版画是彩色的。1797 年和 1803 年，该书又出了两期，同样是由弗朗茨画图，而且也是描绘的欧石南科属。

收藏于伦敦自然历史博物馆图书馆的弗朗茨作品给人一种印象，就是在班克斯赋予他的广阔艺术之道上，弗朗茨自由地踏上了吸引他的植物学之路。很明显，弗朗茨对兰科植物特别有兴趣，研究并描绘它们，包括它们的内部特征和外部形态，并覆盖了英国和从其他国家收集来的品种。也许他的兴趣是被他的老师尼古劳斯·冯·雅坎激发的。雅坎在 1755—1759 年奉皇帝弗朗茨一世之命，到西印度群岛和美洲中部进行收集探险之旅。在后来于维也纳出版的相关书籍《美洲植物选》（*Selectarum Stirpium Americanarum Historia*）（维也纳，1763）中，有 12 幅兰科植物的插图。在显微镜下对兰花进行观察，使得弗朗茨能够展示花朵的细胞组成，并描绘出放大 100 倍的花粉粒，有小部分甚至放大了 400 倍。事实上，弗朗茨有时候会题记他的作品"F. 鲍尔研究并绘画"。弗朗茨对于兰花的研究因为邱园温室的完善而更加容易。温室提供了潮湿的环境，非常适合来自热带的兰花的培养。

伦敦自然历史博物馆收藏的弗朗茨·鲍尔的作品分为"完成"和"未完成"两部分

（前者一般被称为"邱园植物画"），而兰花占了很大一部分。"未完成"部分包含了一些草图。弗朗茨用铅笔为植物标本画底稿，然后对其部分上色——只用来作为色标参考。看上去他的一种工作方式是将其弃置一旁，再另外画一幅完整的版本。

　　1818 年，在班克斯的鼓励下，弗朗茨制作了一卷平版印刷的《鹤望兰》（*Strelitzia Depicta*）致意王后。绝美的鹤望兰（*Strelitzia reginae*）——天堂鸟花是班克斯为纪念乔治三世的妻子夏洛特王后而命名的。夏洛特王后是出生在德国的梅克伦堡－施特雷利茨的夏洛特公主。当邱园的天堂鸟花在 1790 年开花的时候，《植物学杂志》（*Botanical Magazine*）刊登了一幅折页，准确地展示了其惊人的尺寸。夏洛特王后和乔治三世一样爱好植物和园艺，她和她的两个女儿都曾在弗朗茨的指导下创作花卉画。

　　班克斯在 1820 年去世后，弗朗茨依然享受着班克斯遗产给予的每年 300 英镑的年金。从那时起，弗朗茨有机会去创作显微世界下的作品了，对于一直以来追求准确和严谨的他来说，这是一种很自然的发展。弗朗茨和解剖学家埃弗拉德·霍姆爵士（Sir Everard Home，1756—1832）是科学圈的朋友。而霍姆和约瑟夫·班克斯爵士有着很紧密的联系，因为他是皇家学会的副主席，也是班克斯后半生的私人医师。霍姆雇用弗朗茨为很多解剖的动物画了水彩画，其中包括苍蝇的脚、解剖的蚯蚓和发育阶段的蝌蚪，很多作品都和霍姆的论文一起发表在《皇家学会哲学会刊》（*Philosophical Transaction of the Royal Society*）上。

斐迪南的航行

　　当弗朗茨在邱园过着近似隐居的生活的时候（他于 1840 年在邱园去世），斐迪南则有着截然不同的经历。斐迪南的一生都在冒险和挑战。1785 年，在弗朗茨和斐迪南都生活在维也纳的时候，斐迪南被雅坎引荐给约翰·希索普（John Sibthorp，1758—1796），当时希索普是英格兰牛津大学的植物学教授。希索普很快就为斐迪南给雅坎画的作品所震惊，并邀请他作为博物学画家参加自己前往希腊和地中海岛屿的航行。

有髯鸢尾

Iris germanica, **bearded iris**

斐迪南·鲍尔花了 6 年的
时间来完成《希腊植物群》
(*Flora Graeca*，1806—1831)
中的水彩画。每一幅画都是
依据他在地中海国家时绘制
的详细的铅笔画。第一版只
发行了 25 本，定价 254 英
镑。斐迪南仔细观察了这株
鸢尾，并在克里特的野外完
成了这幅画的底稿。

手工上色雕版
19 世纪早期
475mm×325mm

希索普已经研究迪奥斯科里季斯（Dioscorides）的《药物学》（*Materia Medica*）20多年了，一直想要鉴别书中提及的700种植物，并收集植物及动物标本——其中很多都还没有被命名。希索普和斐迪南于1786年3月离开维也纳去意大利，在那他们将向南去西西里岛。在一封希索普写给父亲的信中，他是这样描叙他们的日常的："每天一早我和我的画家就一起去采集植物——然后一整天我们都在工作，他画画，我鉴别植物……他已经画了超过100幅作品了，这些植物和在佛罗伦萨、罗马或者那不勒斯见到的都不一样……我从来没有看到美与精准如此结合的作品。"

师从博基厄斯，斐迪南的色标达到250种。这让他能够快速地在野外绘制铅笔素描（整个植株和花朵剖面），而且是非常精准的。在有些作品上他会加上发现地点，这一点对于希索普来说，并不重要。斐迪南也帮助希索普制作植物标本，这样它们就可以被收进牛津大学的标本集。斐迪南也绘画在野外的动物，还有被他们在路过的村庄驯服的或捕到的动物，有时候渔民网上来的鱼也会被画下来。两个人又经过土耳其到了塞浦路斯和希腊。截至1786年，斐迪南已经画了超过500幅草图，而希索普也开始着手整理他们的发现，并将其命名为《希腊植物群》（*Flora Graeca*）发表。

在接下来的6年，斐迪南一直在牛津根据他的铅笔素描画水彩画。最终，他完成了966幅植物画、248幅动物画。这些作品现在都收藏在牛津大学。付刻时，其中只发现了一个小小的错误。植物学家詹姆士·爱德华·史密斯爵士（James Edward Smith，1759—1828）就斐迪南根据标本绘制的植物插图指出，"那些叶子和茎秆上的绒毛必须去掉，它们只是碰巧黏在上面的蛛网。"

对那个时期斐迪南的生活细节，我们知之甚少。但是很明显，他并不享受他和希索普的友谊，后者认为斐迪南只是一个仆人的角色。每年100英镑的报酬让斐迪南觉得薪资过低，他拒绝了希索普前往地中海东部的第二次旅行的邀约。出版的难度使得《希腊植物群》经过34年（1806—1840）才得以面世。伦敦自然历史博物馆的图书馆存有一套

北玫瑰鹦鹉

Platycercus venustus, northern rosella

斐迪南的北玫瑰鹦鹉是他绘制的一系列色彩艳丽的鸟类
之一，其中大多数都是鹦鹉。这一只应该是 1803 年 2 月
6 日罗伯特·布朗在北部的阿纳姆地的卡列登湾获取的物
种。北玫瑰鹦鹉很难被观察到，因为它们的大部分时间
都待在最高的树枝上，只有在绝对安静的环境下才飞下
来食用种子、果实和花朵。在彼时的几日前，马修·费
林德斯记录了一次在卡列登湾和土著居民的会面，他称
他们为"澳大利亚人"，这应该是最早使用这个称呼。

水彩
1805—1814 年
335mm×500mm

这部非凡的作品。

和他的哥哥弗朗茨一样,约瑟夫·班克斯爵士在斐迪南的生活和事业中也扮演着重要的角色。在 18 世纪 90 年代,曾和詹姆斯·库克一起在"奋进号"(Endeavour)上航行的班克斯意识到,组织一次针对澳大利亚大陆的探险是非常有必要的,这样可以完成一次环球旅行,也可以寻找是否有通往内陆的河流可以航驶。班克斯认为这次调查肯定会发现很多原材料,能够给英国带来经济效益。他开始着手游说海军来资助这次探险。实际上,班克斯费了很大的劲儿促成此事,并不得不向东印度公司寻求资金。最终让英国政府支持此次航行的主要因素是,在 1800 年有消息称法国也计划探险澳大利亚,而他们的动机非常值得怀疑。

班克斯希望斐迪南能够作为博物学记录者参加这次航行。事实上,斐迪南成为了英国政府任命的第一位博物学艺术家。斐迪南在罗伯特·布朗(Robert Brown,1773—1858)的指导下工作,后者是一名医生和植物学家(后来成为了大英博物馆的植物学管理人)。

船上的装备和材料包括澳大利亚的植物标本、温室、水下显微镜和关于南太平洋航行的书籍。在马修·弗林德斯(Matthew Flinders,1774—1814)的领导下,"探险号"军舰(H.M.S Investigator)于 1801 年 6 月 18 日从特海德启程,驶向马德拉群岛,然后抵达好望角的西蒙斯敦。在整个探险队穿越了印度洋南部之后,他们于 1801 年 11 月停靠在西澳大利亚西南海岸的乔治王海峡。在三周的停靠里,博物学家们收集了超过 500 种植物。在夏日的阳光照射下,工作是很艰苦的,而且当地地势险峻,淡水和食物的供应得不到保证。

探险队慢慢地向东边行驶,弗林德斯船长决定将探险号停下来,让他和他的队员们可以进行调查活动,布朗和鲍尔可以去收集和绘画当地的植物——如果可以,还有动物的生活。在这次探险中,鲍尔采用一种比以往更精密的色标,这些色标接近 1 000 种。似乎他也用一种字母代码来表示纹理和光彩。在这次探险结束后,斐迪南的铅笔画已经积累了大量的色彩信息。

在回英格兰后，斐迪南有机会接触到邱园中的一些澳大利亚植物——有的是以植物标本的形式，有的是种植在花园里的——但是他主要是依靠他自己的色彩标记。他的方法最终显示非常可靠，特别是在反映海洋动物的色调的时候——尤其是鱼——这些动物在被捕上岸后很快就会变色。

罗伯特·布朗的田野笔记告诉我们那些被鲍尔画下来的物种是在什么地方被观察到或者被收集的。他的画笔第一次在澳大利亚的水域中捕捉的动物是一种鱼，被称为"布朗的皮夹克"，其实就是海龙。在菲利普港，他画了一幅颜色鲜明的彩虹吸蜜鹦鹉（rainbow lorikeet）。这一切对英国的民众意义重大，因为他们有了机会来欣赏澳大利亚生物群的画作和版画，比如鸭嘴兽、袋鼠和有着绚烂羽毛的鸟类——这些和英国本土的动物有着鲜明的区别。

斐迪南在澳大利亚南部画的植物之中，还有阿富汗蓟（Afghan thistle）和矮生车桑子（dwarf hop-bush）。1802 年 5 月，逗留在悉尼的时候，布朗写了一封信给约瑟夫·班克斯爵士，其中提到了鲍尔，"他完全不知疲倦，将所有的精力都投入到解剖植物中去了。"费林德斯写道："有像布朗先生和鲍尔先生这么勤勉又能干的人，是科学的一大幸事。他们的能力完全已经超越了我所见过的人。"

探险号的画作和1788 年英国舰队第一次开向澳大利亚时的画作完全不一样。早期的探险者收集物种的图片完全是出于新奇，而布朗和鲍尔则是采用系统的方法。鲍尔完全理解植物画的艺术标准和动物的科学鉴定，因此他的作品和库克的"奋进号"探险的画作更相似一些。

1802 年 6 月，探险号向北驶向昆士兰，发现了长满桉树和松树的潮湿地区，还有一大片珊瑚礁海域。他们在卡奔塔利亚湾待了 3 个月的时间，探索海岸以及周围的岛屿，比如阿纳姆湾。11 月早些时候，鲍尔在海龟岛上为茂密的苏铁树林画了一幅素描，还标注它的果实会让人生病一个晚上。1803 年 3 月，费林德斯发现自己处于两难的境地。虽然他希望能探索阿纳姆岛的北边海岸线，但是他的队员们得了坏血病，健康状况堪忧；而探险号也已破败不堪，不再适宜航行。帝汶岛的荷兰总督允许他们在岛上休憩。在停留期间，斐迪南给他的哥哥写了一封信——他并不常和哥哥通信——"至我们离开杰克逊港，我已经……画了500多株植物了，但是只有90种动物……我什么都还没有完成……我为这次航行准备的纸已经发霉了，天气太潮热了。"为了保险起见，斐迪南把已经完成的素描都留给杰克逊港的金总督（Governor King）了。

在回新南威尔士的路上，费林德斯乘船到欧洲寻求探险号的替代船。事实上，他直到1810年才回到英格兰，因为他在毛里求斯寻求庇护所的时候被抓了，法国总督将他关了6年。如此一来，斐迪南有了更多的时间在悉尼画画，他于1803年画了第一幅考拉。他决定从这被迫的耽搁中寻找点价值，他去了诺福克岛，从1804年8月一直待到1805年3月。在那里，他制作了当地植物的标本，并画了包括地图在类的铅笔画。

鲍尔和布朗于1805年11月抵达伦敦，撞上了纳尔逊勋爵在特拉法加人胜法国海军的时间，所以没有太多的关注投向他们。约瑟夫·班克斯爵士向海军部施压，希望它们能继续资助他们，以便让布朗能够完全地鉴别带回来的植物。这样，斐迪南也有时间来完成他的水彩画，以完成《澳大利亚植物群》（Flora of Australia）的出版。但是最终没有成功。植物学家卡尔·柯恩（Carl Koening）这样形容这些搜集成果，"布朗和鲍尔从新荷兰带回的各式物种、描述和画，比任何一次探险的成果都要卓越。"

在回到英格兰之后，费林德斯开始着手准备他的《未知南方大陆之旅》（A Voyage to Terra Australis），其中包括9幅斐迪南画的澳大利亚植物。这套两卷的著作最终在1814年费林德斯去世前不久得以出版。

斐迪南画作的一小部分收录在罗伯特·布朗的《新荷兰及范迪门岛屿的植物群绪论》（Prodromus Florae Novae Hollandiae et Insulae van Diemen，1810）中。这本书是植物学分类的一大进步，但是它的印刷质量不好，没能挣到钱。《绪论》出版以后，在1813年到1816

年期间，又出版了三本分册。这对于斐迪南来说无疑是很失望的，因为他还在布朗的指示下继续绘画那些精美准确的水彩画。由于在伦敦有了接触标本实物的机会，布朗鼓励斐迪南在图画中也绘制种子和花粉的内部结构。1814年，斐迪南决定回到奥地利。他仍然接受来自英格兰的绘画委托，但是有了更多的机会去绘制更有收益的作品，比如花卉。他于1826年在维也纳去世。

奇怪的是，弗朗茨和斐迪南两兄弟都很少出版他们的画作。这让两兄弟的影响力和知名度都很低——包括在他们生活的年代以及他们去世以后。20世纪中叶的植物学家威尔弗雷德·布伦特（Wilfred Blunt）和威廉·斯迪姆（William Stearn）第一次对植物学插画的历史进行了详尽的研究，当写到弗朗茨和斐迪南的时候，他们说道，"没有任何一个艺术家……在植物细节的描绘上可以比得上他们。"后来的研究也都是这么认为的。

伦敦自然历史博物馆对两兄弟的作品原作和稀有的印刷图片有着极好的收藏。我们在对其进行公共展览的同时，也需要对这些收藏进行很好的修复。希望对弗朗茨和斐迪南作品的展出和复制能让两兄弟获得他们应得的广泛观众群体。

参考书目

LACK, H. W., *Franz Bauer: the painted record of nature*. Vienna: Verlag des Naturhistorischen Museums Wien, 2008.

MABBERLEY, David, *Ferdinand Bauer: the nature of discovery*. London: Merrell Holberton and the Natural History Museum, 1999.

NORST, Marlene J., *Ferdinand Bauer: the Australian natural history drawing*s. London: British Museum (Natural History), 1989.

弗朗茨·鲍尔

FRANZ BAUER

Gladiolus alatus var. 1.a Vinet Flevat.

唐菖蒲

Gladiolus orchidiflorus

唐菖蒲是鸢尾属（iris family）植物之一，从南非引进至邱园。这幅画绘于 1789 年，应该是弗朗茨在英格兰的第一批画作之一。这幅画也许就是约瑟夫·班克斯爵士决定雇用弗朗茨作为驻园画家（1789 年底）的原因之一。

水彩

1789 年

470mm×330mm

Prince Antony's Garden at Dresden, 1788.

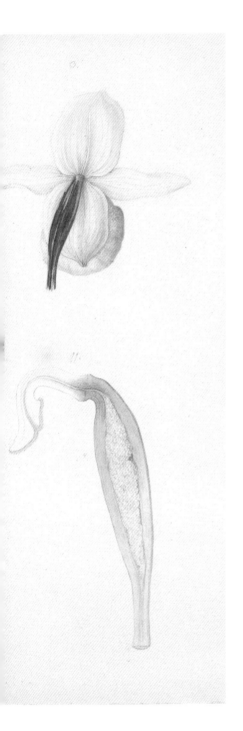

皇后杓兰

Cypripedium reginae, showy lady's slipper orchid

这幅画的题记是"安东尼王子的花园，德累斯顿，1788"，这是伦敦自然历史博物馆收藏的弗朗茨最早的作品。这应该是弗朗茨陪伴约瑟夫－弗朗茨·雅坎（弗朗茨雇主的儿子）在去英格兰之前游历欧洲花园，拜访萨克森的安东尼王子（1755—1836）时画的。

水彩和铅笔
1788 年
263mm×325mm

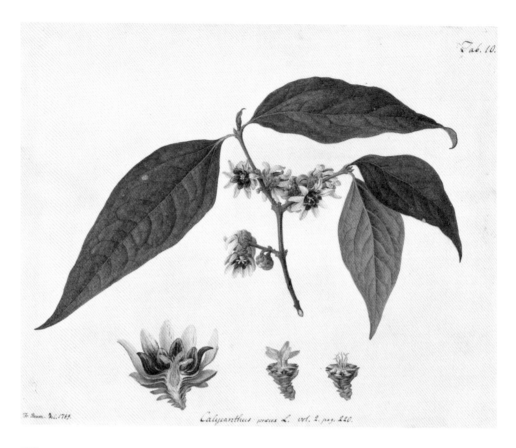

Calycanthus praecox L. vol. 2. pag. 220.

蜡梅

Chimonanthus praecox, **wintersweet**

弗朗茨第一次接受约瑟夫·班克斯爵士的委
托绘制的美丽图画。曾以黑白雕版的形式收
在《邱园》（*Hortus Kewensis*，1789）第一版中。
著名植物画家乔治·俄瑞特（Georg Ehret）的
作品也收录在这本书中。

水彩
1789 年
255mm×300mm

火石南

Erica cerinthoides, **fire heath**

约瑟夫·班克斯爵士委托植物学家弗朗西
斯·马森（Francis Masson）从南非收集石南
栽培在邱园中。这幅火石南是弗朗茨为皇家
植物园的《异域植物栽培》（*Delineations of
Exotick Plants Cultivated*，1796—1803）画的
其中一幅。

水彩
1790 年
505mm×345mm

Franz Bauer del. 1795.

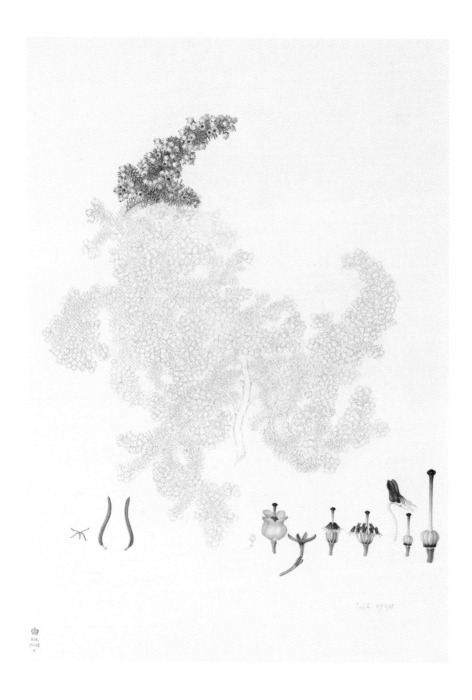

石南

Erica sp., heath

这幅未完成的石南为观察弗朗茨的绘画方法提供了有趣的角度。铅笔底稿相当的精细，一般在他完成后的水彩画中是看不到铅笔的痕迹的。

水彩和铅笔

1790 年

505mm×350mm

大果西番莲

Passiflora quadrangularis, giant granadilla

大果西番莲生长在美洲中部和西印度群岛，现在在温室中被广泛栽培。它硕大的果实〔一般以它的西班牙名字"巴迪亚"（badea）称呼〕常用作饮料调味。这幅画是弗朗茨很多未完成的西番莲属的作品之一。他仔细地绘制了花朵的线条，并给一些花瓣、叶片和茎干上了色。

水彩和铅笔
18 世纪晚期或 19 世纪早期
360mm×240mm

Papiflora quadrangularis

美丽海神花

Protea speciosa, brown beard sugarbush

美丽海神花是一种在南非发现的开花植物，在卡普兰地区生长着很多品种。在 18 世纪被引进欧洲，它独特的花头强烈地引起了植物学家的兴趣。

水彩

18 世纪晚期或 19 世纪早期

505mm×340mm

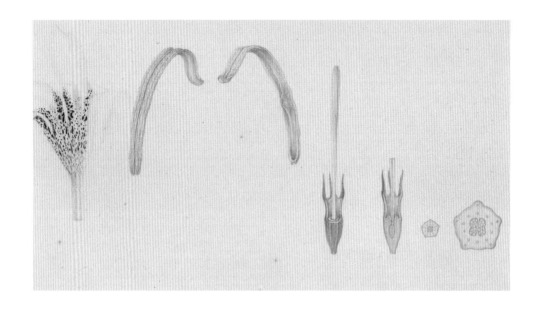

非洲栀

Rothmannia capensis, Cape gardenia

非洲栀是一种南非的常绿树，在森林中可以长到 10 米（32 英尺）或 20 米（65 英尺），
夏季会开出芬芳的花朵。在 18 世纪被引入欧洲，很快就变成一种广泛栽培的花卉。

水彩
18 世纪晚期或 19 世纪早期
525mm×355mm

红鹤顶兰

Phaius tankervilleae, nun's orchid

弗朗茨仔细地观察了红鹤顶兰以及其他物种的蒴果，并将它们画了
出来。他还指出了子房分裂将种子传播到空中的过程。

水彩
18 世纪晚期或 19 世纪早期
375mm×260mm

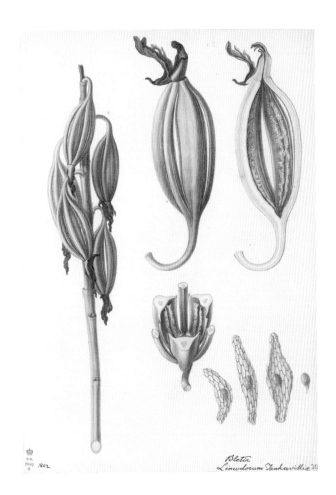

章鱼兰

Prosthechea cochleata, cockleshell orchid

章鱼兰是一种附生兰花（树生），是最早在邱园开花的兰花之一（1788 年）。附生植物并不是从树上直接获取营养，而是从空气中获取，或是从树上的碎屑、苔藓中获取。

水彩

18 世纪晚期或 19 世纪早期

480mm×315mm

大花蜜钟

Hermannia grandiflora, klokkiebos

klokkiebos 是一种低矮的灌木，会开出大片的红色花
朵。这种植物对于食草动物来说非常的甘甜，在南
非的北、西和东开普省很常见。这种植物可能是被
植物学家弗朗西斯·马森（Francis Masson）引进邱
园的。他曾经两次代表植物园去南非收集植物。

水彩
18 世纪晚期或 19 世纪早期
510mm×355mm

红绒球

Calliandra houstoniana, red powder puff

红绒球是一种小乔木、羽状复叶、红色的花朵造型
非常漂亮。常见于墨西哥至南美洲北部。这幅画是
少有的有弗朗茨署名的作品。

水彩
18 世纪晚期或 19 世纪早期
535mm×365mm

绣球

Hydrangea macrophylla, hortensia

绣球花的原产地是中国及日本。约瑟夫·班克斯爵士于 1788 年将其引入邱园。其粉红或者蓝色的花在夏季时候常见于英国花园。绣球属的植物都有着很大的叶片，有的长达 15 厘米（16 英寸）。

水彩和铅笔
18 世纪晚期或 19 世纪早期
520mm×350mm

白鸡蛋花

***Plumeria alba,* white frangipani**

白鸡蛋花是一种常绿灌木，会
开出带有强烈香味的白色花朵。
它应该是从美洲中部或西印度
群岛传到邱园的。在传统医学
中，其常被制备成泻药。

水彩

18 世纪晚期或 19 世纪早期

523mm×327mm

菊花

***Chrysanthemum* sp.**

菊花在 18 世纪 90 年代初期从法
国引入英格兰。在原产地亚洲，
菊花不论是在艺术上，还是文
学或者社会上，都是一种被广
泛称赞的花卉，在英国也很快
流行起来，被广泛在花园中栽
培，并成为一种切花。

水彩

18 世纪晚期或 19 世纪早期

515mm×360mm

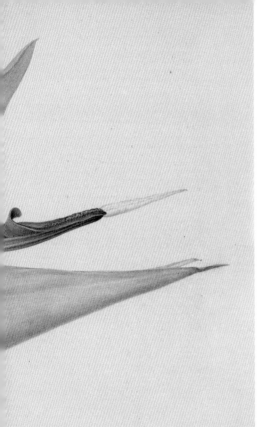

鹤望兰 / 极乐鸟花

Strelitzia reginae, bird of paradise flower

弗朗茨给极乐鸟花画了很多作品，包括全株植物和它美丽
的花朵。在 18 世纪 70 年代，它被从南非引入邱园，但是
直到 1790 年才开花。1818 年出版的《鹤望兰》收录了弗
朗茨的 11 幅作品。

水彩
18 世纪晚期或 19 世纪早期
535mm×370mm

锡兰条纹文殊兰

Crinum zeylanicum, milk and wine lily

锡兰条纹文殊兰是一种球状多年生植物，有着剑形的叶子。在春天，它会开出多达 20 朵的白色花朵，带有香味。一般认为是在 1770 年左右被引入英国。

水彩
18 世纪晚期或 19 世纪早期
525mm×360mm

重瓣香水仙

Narcissus x odorus, sweet-scented jonquil

重瓣香水仙属于通常被称为黄水仙的开花植物家族。它们原产于欧洲西南部和非洲北部的草地和树林中。从 16 世纪起就在欧洲被栽培，现在已经成为英国花园中的必种植物了。

水彩
18 世纪晚期或 19 世纪早期
525mm×355mm

广玉兰

Magnolia grandiflora, southern magnolia

广玉兰是一种大型的常绿树，开蜡白色、带有香味的花朵。英国自然学家马克·凯茨比（Mark Catesby）于 1726 年将其从美国南部引入英国，并很快流行于花园栽培中。弗朗茨的这幅作品几乎达到了摄影一般的质量。

水墨
18 世纪晚期或 19 世纪早期
495mm×345mm

Protea melaleuca[1]

这幅画给人一种感觉：艺术家离开了它的工作台一会儿。当我们已经看过弗朗茨完成的画作之后，这张画纸中间像宝石一般的花头让我们想象着如果完成这幅画会是怎么一番情景。

水彩和铅笔
18 世纪晚期或 19 世纪早期
500mm×370mm

---

1 此拉丁名为未确定名（unresolved name）。

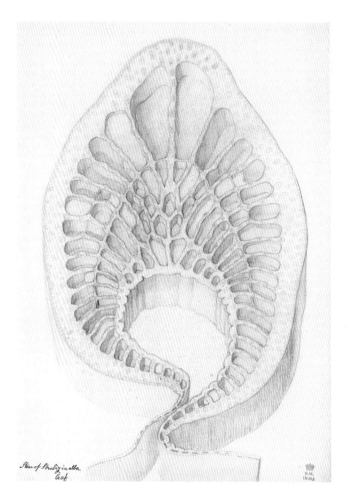

扇芭蕉

Strelitzia alba, white bird of paradise

这幅铅笔解剖画被弗朗茨题为"扇芭蕉的茎叶",被收录入"茎和叶柄的结构图"系列中。弗朗茨的植物解剖图画的常常是那些他最常描绘全株的植物。

铅笔

18 世纪晚期或 19 世纪早期

365mm×260mm

扇芭蕉

Strelitzia alba, white bird of paradise

弗朗茨画了很多壮观的极乐鸟植物和它们的花朵。扇芭蕉以前被称为奥古斯塔鹤望兰（*Strelitzia augusta*），是为了纪念奥古斯塔——邱园的发起人威尔士王妃。

水彩，铅笔和水墨

18 世纪晚期或 19 世纪早期

530mm×360mm

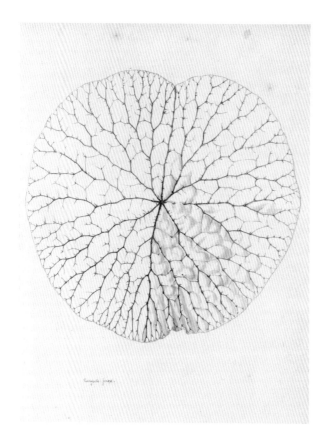

芡实

Euryale ferox, fox nut

芡实是一种水生开花植物，属于睡莲科。最初在亚洲东部被发现，它的大圆叶可以长到一米宽。其叶子的下面是紫色的，弗朗茨根据邱园的一株画了这幅解剖图。

水彩

18 世纪晚期或 19 世纪早期

465mm×360mm

野蔷薇

Rosa multiflora, baby rose

野蔷薇于 1804 年从亚洲东部引入英国，也许是被直接引入邱园。19 世纪晚期成为流行的花园栽培植物，在20 世纪成为了野生植物，经常在树篱和荒地上看到。

水彩

18 世纪晚期或 19 世纪早期

510mm×340mm

Tab. *XXVI.*

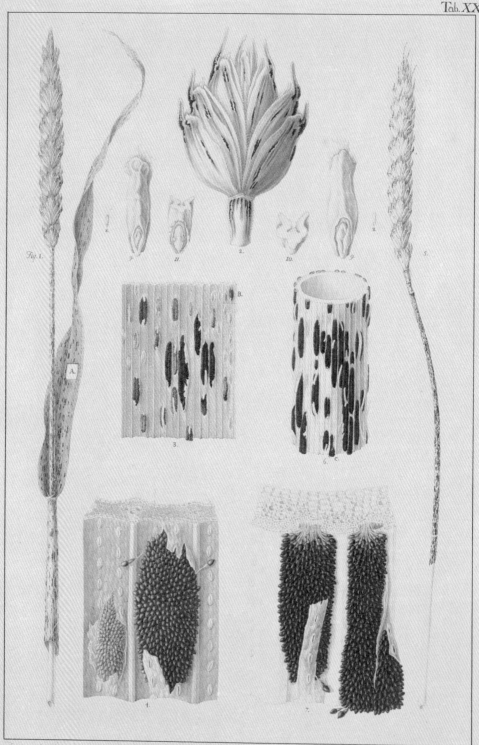

Fig. 1.

小麦

Triticum aestivum, **wheat**

弗朗茨高度地还原了"农作物病害"的细节，揭示了这个领域意想不到的美。植物病害是约瑟夫·班克斯爵士科学出版的主题之一。

水彩
18 世纪晚期或 19 世纪早期
395mm×285mm

大麦

Hordeum vulgare, **barley**

弗朗茨一系列的"农作物病害"图片是为了给约瑟夫·班克斯爵士在这一领域的研究提供支持。班克斯对作物病害的生物学非常感兴趣，并非常关注怎么维持农业的盈利能力。

水彩
18 世纪晚期或 19 世纪早期
400mm×290mm

盔药兰 / 鲍尔的盔兰花

Galeandra baueri,

Bauer's galeandra

鲍尔的盔兰花是一种附生兰花
（长在树上），在中美洲被发现。
弗朗茨的科学合作者、植物学家
约翰·林德利（John Lindley）在
1832 年以弗朗茨的名字为这种兰
花命名。

水墨

18 世纪晚期或 19 世纪早期

475mm×320mm

大岩桐

Sinningia speciosa, **gloxinia**

1817 年，大岩桐被从巴西引入英
国，可能是引入邱园。现在它已
经是最受欢迎的栽培植物之一。

水彩

19 世纪早期

525mm×360mm

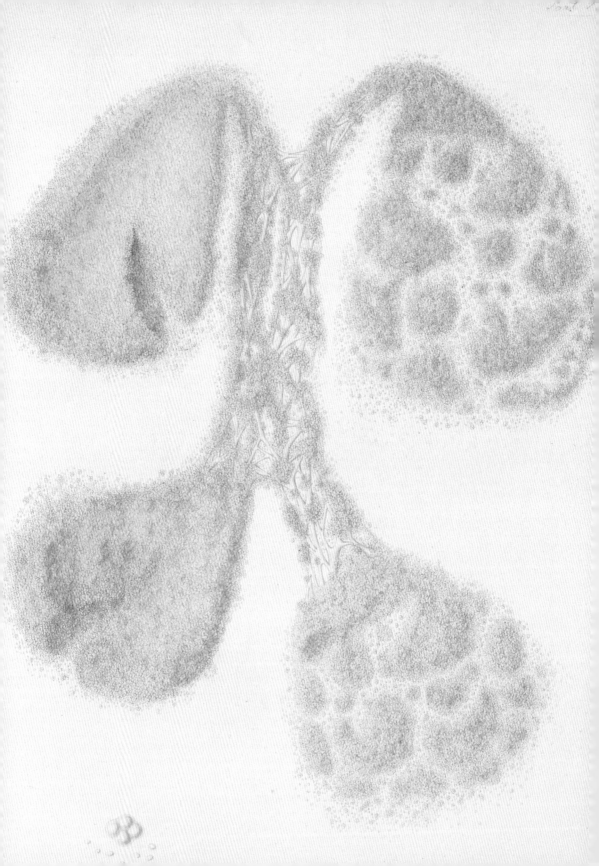

Eulophia alta, wild coco

带着极大的耐心，弗朗茨发现
并记录了兰花的细节。在这幅
作品中，弗朗茨描绘了放大了
100 倍的几千个花粉粒。

水彩

1801 年

370mm×260mm

Eulophia alta, wild coco

在这幅画中，弗朗茨揭示了兰
花花朵的功能。在放大 60 倍
之后，他分两部分描绘了 wild
coco 授粉后的子房的发育情
况。这幅画被植物学家、园
艺家约翰·林德利收录在于
1830 年出版的《兰花植物插
图》(*Illustrations of Orchida-
ceous Plants*) 中。

水彩

1801 年

370mm×260mm

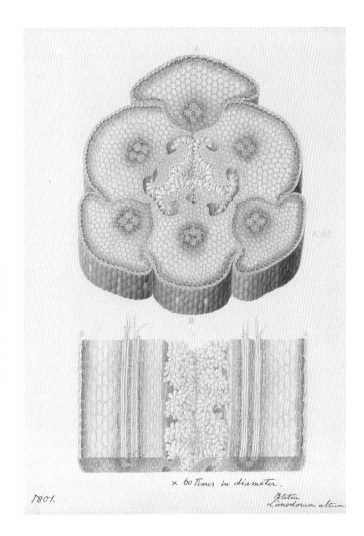

Bletia florida, slender pinepink

Slender pinepink 是一种在西印度群岛发现的兰花，于 1813 年由博物学家罗伯特·布朗描述。弗朗茨的画作给人的感觉是他在创作一种科学形象，但是又给眼睛带来了愉悦。细长的花茎和宽大的叶片有一种奇妙的平衡感。

水彩
19 世纪早期
512mm×362mm

皇后杓兰

Cypripedium reginae

弗朗茨于 1802 年在班克斯夫
人的花园里创作了整个植株，可
能是根据她的具体要求。班克
斯夫人〔原名多萝西娅·休格
森（Dorothea Hugessen），1758—
1828〕和她的丈夫班克斯爵士
一样对植物学很感兴趣。他们
喜欢一起在乡间别墅的花园里
栽培植物，包括在温室中种植
水果。他们的乡间别墅格鲁夫
（意为小树林）泉就在邱园附
近的艾尔沃思。

水彩
1802 年
500mm×340mm

豆叶苦马豆

Swainsona galegifolia,
smooth darling pea

豆叶苦马豆是澳大利亚新南威
尔士和昆士兰内陆的一种多年
生灌木植物。豌豆花的颜色从
淡粉到深红色，在每年的 11 月
开放，然后会结出气球状的豆
荚。现在是一种很常见的花园
栽培植物。这幅作品是弗朗茨
与斐迪南风格类似的很好的例
子，包括他们用以帮助分类的
植物解剖方式。

水彩
1803 年
515mm×345mm

卷丹百合

Lilium lancifolium, **tiger lily**

卷丹百合在北亚和东亚被发
现。在夏末，这种植物可以开
出多达 25 朵带着大斑点的花
朵，它们都优雅地向后弯曲
着。卷丹百合的鳞茎在 1804 年
从中国的广东到达邱园，所以
可能是弗朗茨第一个画的这种
百合的开花图。

水彩
1805 年
525mm×355mm

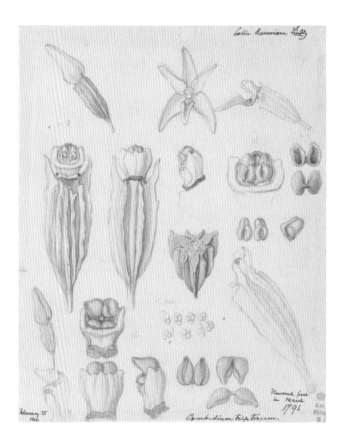

矮蝴蝶兰

Coelia triptera,

dwarf butterfly orchid

矮蝴蝶兰是一种中美洲的兰花。最初由植物学家约翰·林德利为了纪念弗朗茨命名为 Coelia baueriana（鲍尔粉兰）。弗朗茨在画纸上标注"1791 年 3 月第一次开花"，表明邱园对新植物的引入和开花情况进行了仔细的记录。

水彩、铅笔

1810 年

250mm×197mm

牡丹

Paeonia suffruticosa,

moutan peony

牡丹是一种木本多年生灌木，在春末或夏初开花。虽然原产于中国，但牡丹很好地适应了北欧的寒冷气候。这种植物的大部分都可以入药。

水彩

1811 年

510mm×353mm

"June 1813"

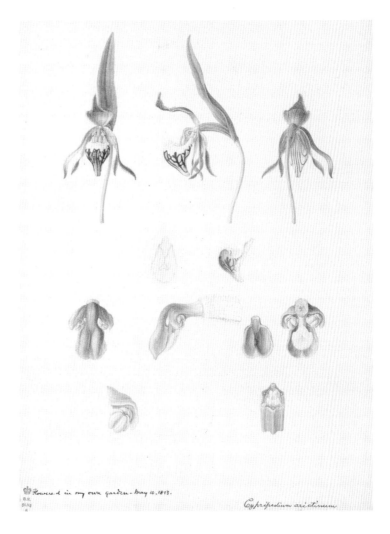

Flowered in my own garden - May 10, 1813.

Cypripedium arietinum

红火球帝王花，特洛皮

Telopea speciosissima, waratah

特洛皮是在澳大利亚新南威尔士发现的大型灌木，以春季开放的红色大花头闻名。它最早由植物学家詹姆士·爱德华·史密斯在 1793 年描述。它的俗名源自于原住民欧拉族（Eora）。

水彩

1813 年

515mm×345mm

鹰嘴杓兰

Cypripedium arietinum,

ram's head lady's slipper orchid

在这幅画的旁边，弗朗茨写下了可爱的个人标注"在我的花园里开花，1813 年 5 月 10 日。"当时他住的野蔷薇小屋位于邱园绿地——皇家产业的一部分。他的邻居是邱园的首席园艺家威廉·汤森·艾顿（William Townsend Aiton，1766—1849）。

水彩、铅笔

1813 年

360mm×260mm

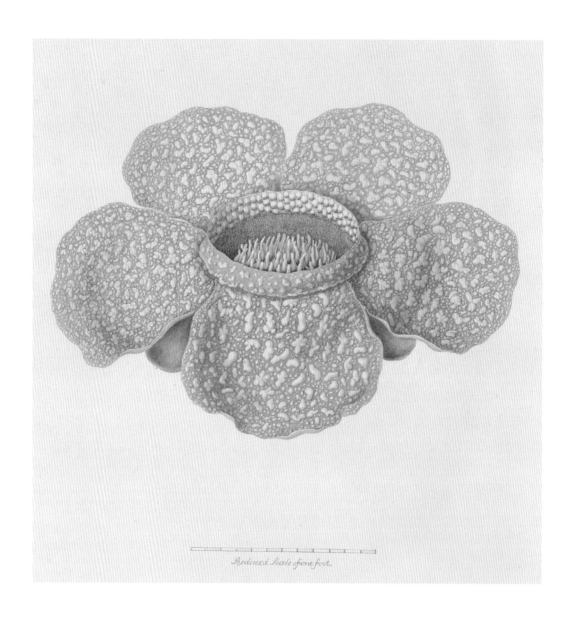

Reduced Scale of one foot.

大王花 / 腐尸花

Rafflesia arnoldii, corpse flower

1818 年被殖民地总督斯坦福德·拉
弗尔斯爵士（Sirstamford Raffles）
从苏门答腊雨林中送到邱园。腐尸
花是地球上最大的花朵，得名于它
发出的腐肉气味。

水彩
约 1818 年
520mm×355mm

大王花 / 腐尸花

Rafflesia arnoldii, corpse flower

弗朗茨在伦敦林奈协会的学报上
发表了这一幅以及相关的一些画。
在雕版上还标注了植物学家罗伯
特·布朗的论文《植物新属的报
告：大王花属》。布朗在 1820 年 6
月 30 日向学会阅读了这篇报告。

水墨
约 1819 年
505mm×350mm

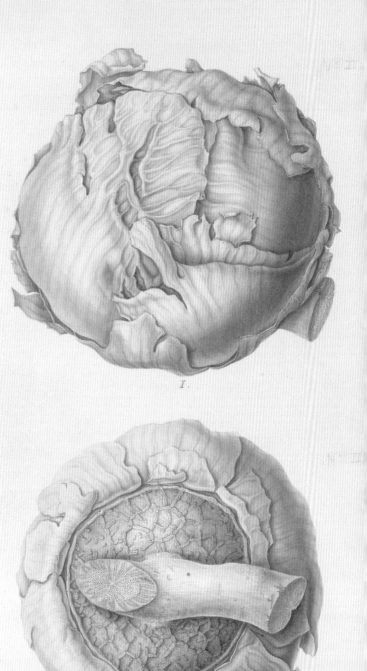

I.

II.

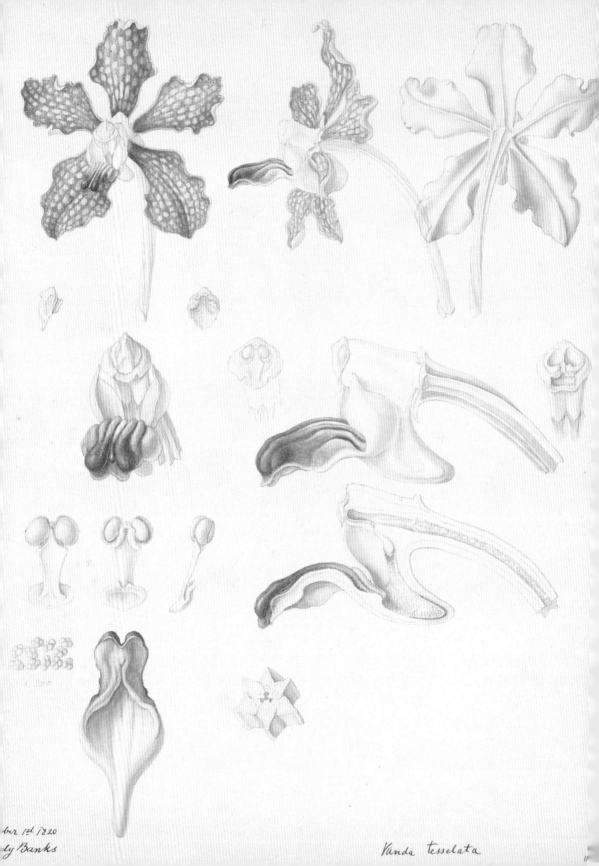

ber 1st 1820

dy Banks

Vanda tesselata

网格万代兰

Vanda tessellata, grey orchid

这幅画描绘的是一个物种的花卉结构、种子和花粉。这样弗朗茨可以帮助把兰花分类到不同的科。植物学家约翰·林德利在他的《兰花植物插图》中使用弗朗茨的插图证实了他在植物学科学上的贡献。

水彩

1820 年

355mm×260mm

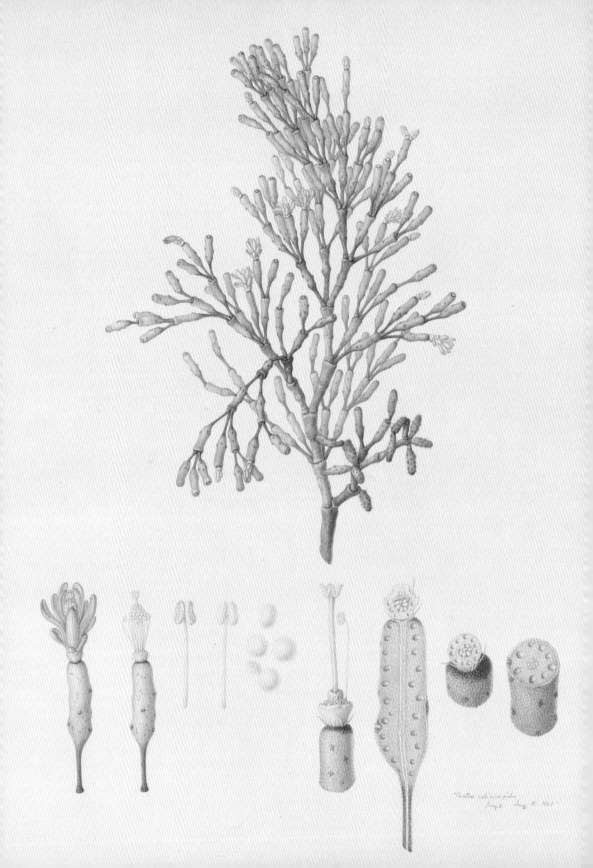

Cactus salicornioides
Angel Aug. 18. 1841

念珠掌

Hatiora salicornioides, bottle cactus

念珠掌是一种巴西的森林仙人掌，但是现在已经成了观赏植物。它的茎有很多的分支，每一个分枝都由较小的茎节组成，这些茎节和瓶子的形状很相似。

水彩

1821 年

525mm×355mm

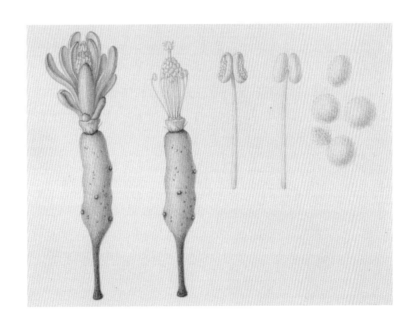

奇唇兰

Stanhopea insignis

奇唇兰在厄瓜多尔、秘鲁和巴西
的森林里被发现，于 1827 年第一
次在邱园开花。弗朗茨完美地捕
捉了这种花的附生习性，它一般
生长在树上。当它第一次栽培在
邱园的时候，被错误地种植在陶
土罐里，结果它没能成活。

水彩
约 1827 年
485mm×315mm

阿魏属

Ferula sp.

阿魏是一种在地中海找到的开花
植物，也生长在亚洲。在附于画
作的一封信中，弗朗茨提到把它
带到邱园的是苏塞克斯公爵 [奥
古斯都·弗雷德里克王子 (Prince
Augustus Frederick)，乔治三世的六
儿子，1773—1843]。弗朗茨说，他
希望能为公爵画下这种植物，但在
1830 年的夏天，这株植物没有开花。

水彩
1830 年
480mm×315mm

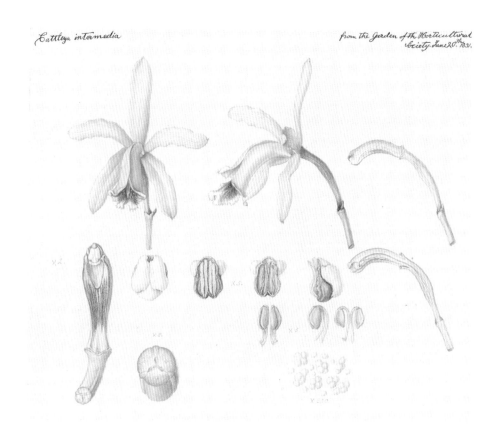

Cattleya intermedia

from the Garden of the Horticultural Society June 20.th 1831.

中型卡特兰

Cattleya intermedia, intermediate cattleya

中型卡特兰是从巴西引进的，弗朗茨在位于奇斯威克的园艺协会花园中画了这株植物。随着兰花的流行，19 世纪的英国花园里栽培了很多，卡特兰是其中最受欢迎和追捧的一种。

水彩

1831 年

320mm×245mm

黄色龟壳兰花

Rossioglossum ampliatum, yellow bee orchid

这幅图是一幅组成图画。弗朗茨指出顶部的花朵是根据邱园从特立尼达收集的一种物种画的。下面部分的花朵是弗朗茨在园艺协会位于奇斯威克的花园里画的，花园离邱园很近。协会由约瑟夫·班克斯爵士和园艺学家约翰·韦奇伍德（John Wedgwood）于 1804 年创建。

水彩

1834 年

320mm×240mm

Oncidium? from Trinidad
K. G. March 14th 1834.

Oncidium ?
Hort. S. Garden May 25th 1834.

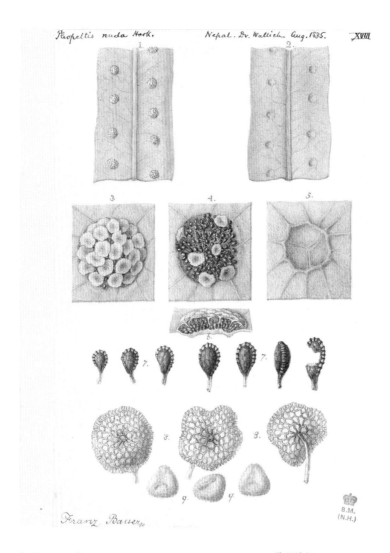

Lepisorus nudus

弗朗茨为威廉·胡克爵士（Sir William Hooker）——
邱园的第一任管理人——画了这幅画，收录在1842
年出版的《蕨属》（*Genera Filicum*）一书中。这是
对蕨类进行分类的第一批图书。弗朗茨标注这幅
画中的 *Lepisorus nudus* 来自于尼泊尔，由纳萨尼
尔·沃利克博士（Dr Nathaniel Wallich）提供，他于
1815—1841年担任加尔各答植物园的主管。

水彩
1835年
245mm×160mm

苹果绵蚜

Eriosoma (Schizoneura) lanigerum, woolly apple aphid

弗朗茨为约瑟夫·班克斯爵士画了这幅画，是爵士
的论文《关于蚜虫首次出现在这个国家，或名苹
果树虫》（1812）的插图。果树生长和害虫是约瑟
夫·班克斯爵士一直很感兴趣的话题。

水彩
约1812年
368mm×280mm

斐迪南·鲍尔

FERDINAND BAUER

诺福克岛

Norfolk Island

这是少量关于诺福克岛风景和植被的画作之一。它位于澳大利亚东南岸。在 1804—1805 年，因为"调查者号"的维修，斐迪南一直待在那儿。

铅笔
1804—1805 年
260mm×360mm

欧洲冷杉

Abies alba, European silver fir

这是斐迪南为植物学家艾尔默·兰伯特的《松属植物的描述》的一小部分幸存图画之一。这幅素描草图是徒手画的，可能绘制得相当迅速。这幅画和弗朗茨的铅笔画形成鲜明的对比，弗朗茨的铅笔画给人一种更缓慢、更深思熟虑的感觉。

铅笔

约 1800 年

495mm×365mm

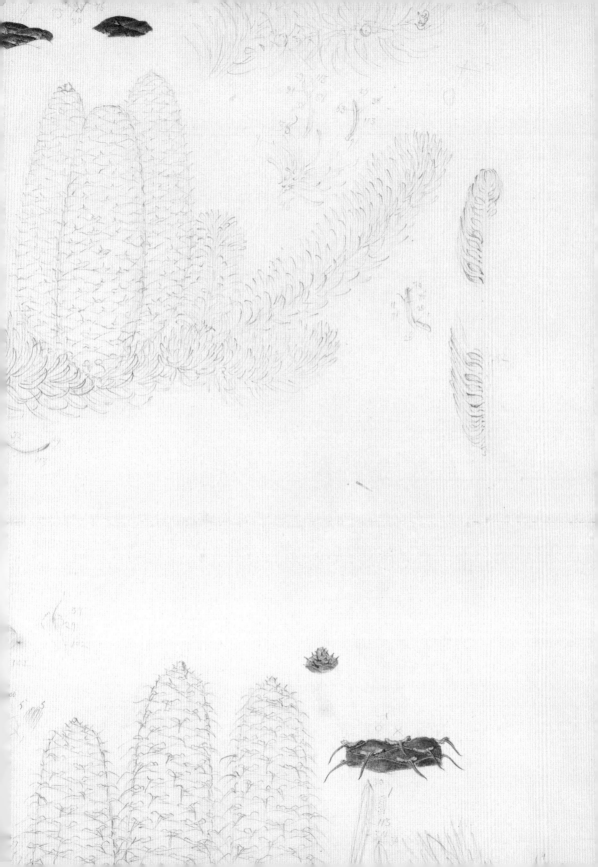

土瓶草

Cephalotus follicularis,

Western Australia pitcher plant

这种植物得名于它叶子形成的奇特
陷阱，微红色对昆虫很有吸引力，
而且陷阱里面储备的消化液能够让
这种植物消化昆虫。这幅画（或者
说同一物种的集合）是根据约瑟
夫·班克斯爵士的要求创作的。在
调查者号回来不久，他就将这幅画
呈报海军部，让他们了解斐迪南在
那次航行中创作的多么令人不可思
议的植物的插图。

水彩
1805 年
525mm×354mm

澳洲木麻黄

Allocasuarina torulosa,

forest she oak

这棵树长在澳大利亚昆士兰和新南
威尔士的森林里。这种树密实的深
色树干在过去常用来制作家具。

水彩
1812 年
523mm×350mm

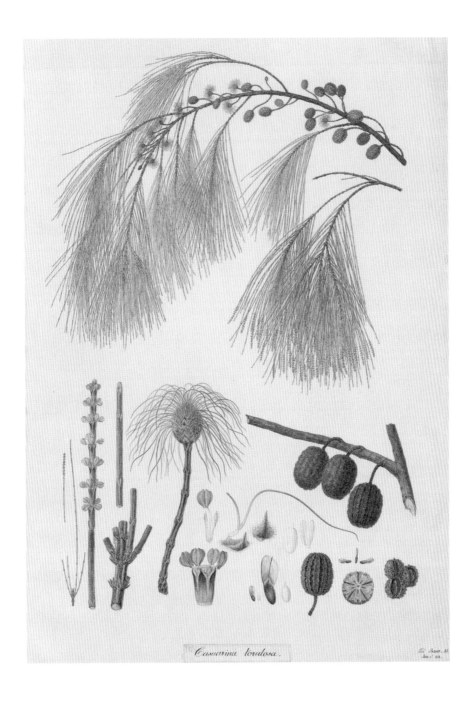

Casuarina torulosa.

Ferd. Bauer. del.

Alyogyne hakeifolia

这种开花植物广泛分布在西澳大利亚的西南部。花的外观和木槿很相似，但是它们并没有关联。斐迪南于 1803 年 5 月在西澳大利亚洛切切群岛的中岛画了铅笔初稿。

水彩
1805—1814 年
526mm×356mm

莼菜（图片见下页）

Brasenia schreberi, water shield

莼菜是一种广泛分布的多年水生植物，有着浮在水面的亮绿色叶片。从 6 月到 9 月，它会开出小小的紫色花朵。斐迪南于 1803 年在东澳大利亚新南威尔士里士满附近的雅拉曼迪潟湖画了铅笔初稿。

水彩
1805—1814 年
355mm×526mm

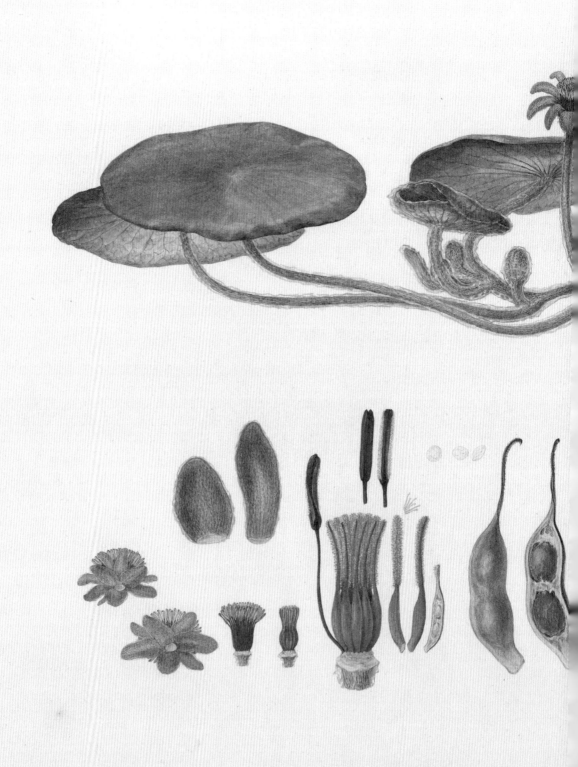

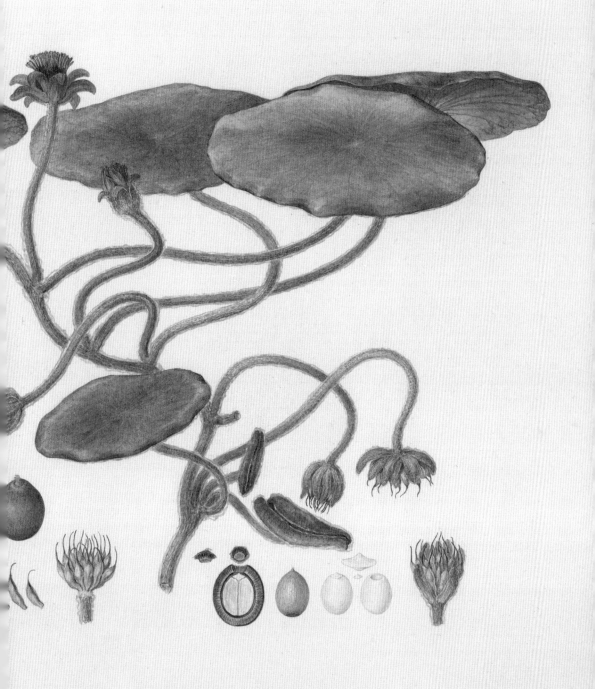

南方巨盘木

Flindersia australis, crow's ash

南方巨盘木是一种热带雨林树，生长在澳大利亚的昆士兰和新南威尔士，可以长到40米（131英尺）高。能开出白色或者奶油色的花，一般在春天开放，然后会结出包裹有翅种子的木质蒴果。这种树的属名是为了纪念马修·弗林德斯船长。弗林德斯在1814年出版的《未知南方大陆之旅》收录了一幅基于这幅画的版画。

水彩

1805—1814 年

521mm×348mm

异叶瓶木

Brachychiton paradoxus, red flowered kurrajong

异叶瓶木是一种在北澳大利亚发现的小树，在干燥季节会开出亮红色的钟形花。斐迪南于1802年底至1803年初在卡奔塔利亚湾的北岛绘制了铅笔初稿。画的左边是半朵花和花朵的细节，右边是雌性和雄性花托的纵切面。斐迪南为调查者号所作的所有图画，都是在博物学家罗伯特·布朗的指导下完成的，特别是那些有植株的细节图画，对植物分类有着重要意义。

水彩

1805—1814 年

525mm×355mm

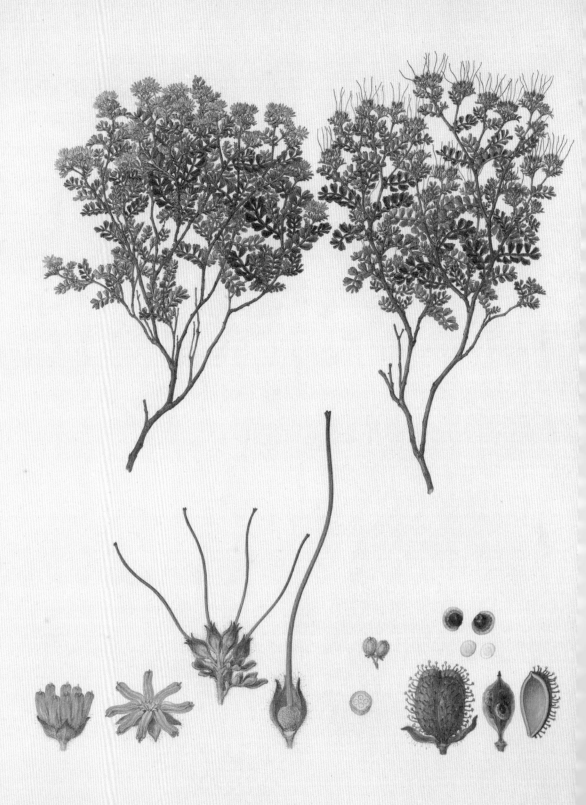

Dodonaea humilis

这种开花植物广泛地分布在澳大利亚，并被一些蝴蝶幼虫用作食物。斐迪南于1802年2月22日根据罗伯特·布朗在南澳大利亚记忆湾收集的标本绘制了铅笔初稿。

水彩
1805—1814年
519mm×349mm

翼果金合欢

Acacia alata, winged wattle

翼果金合欢是一种多分支的灌木，约2米（6英尺）高，遍及西澳大利亚。花的颜色可能是白色、奶油色或黄色。它是斐迪南在西澳大利亚乔治国王海峡画的第一批关于澳大利亚动植物的主题。

水彩
1805—1814年
524mm×354mm

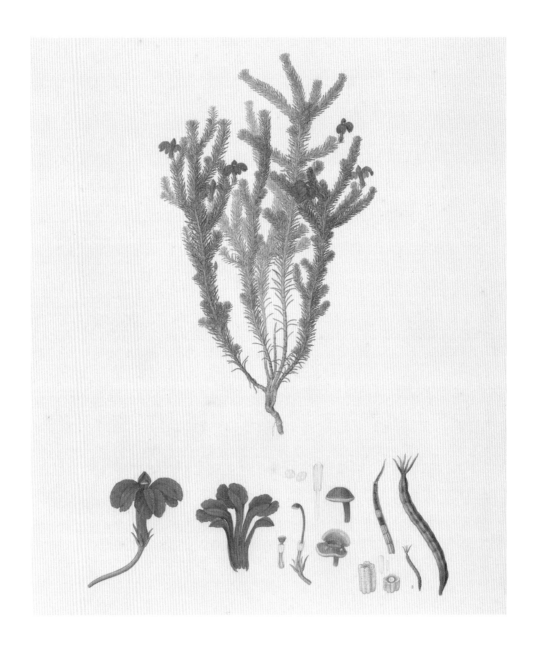

Leschenaultia formosa

Leschenaultia formosa 是一种广泛分布在西澳大利亚的蔓生灌木。它颜色明亮的花朵使得其成为澳大利亚花园中被广泛栽培的植物。它于 1810 年被博物学家罗伯特·布朗描述，名字是为了纪念法国植物学家让-巴普蒂斯特·勒胥诺·德·拉·图尔（Jean-Baptiste Leschenault de la Tour）。勒胥诺于 1800 年至 1803 年在澳大利亚收集了这种植物。

水彩

1805—1814 年

523mm×354mm

聚盖灌丛桉

Eucalyptus conferruminata,

Bald Island marlock

聚盖灌丛桉是在西澳大利亚南部海岸发现的一种小树。它黄绿色的花朵从冬季一直开到春季。斐迪南用绝佳的技巧画出了美丽的花朵。

水彩

1805—1814 年

526mm×358mm

蓝针花

Brunonia australis, blue pincushion

蓝针花是一种广泛分布在澳大利亚的多年生草本植物。蓝色的花朵在春天开放。博物学家罗伯特·布朗是第一位收集到蓝针花标本的人，伦敦林奈学会成员决定将这个属命名为"Brunonia"来纪念布朗。斐迪南在《新荷兰植物群插图》(*Illustrationes Florae Nova Hollandiae*，1813—1816) 中发表了这幅画。

水彩

1805—1812 年

527mm×355mm

Andersonia sprengelioides,

sprengelia-like andersonia

这种灌木生长在西澳大利亚的西南角。不同寻常的是，根据标注，斐迪南是根据邱园的一棵植物绘制了这幅画，而它的种子是调查者号从澳大利亚收集来的。

水彩

1805—1814 年

525mm×355mm

Chloanthes stoechadis

这种植物是薄荷家族的成员，只在澳大利亚生长。斐迪南于 1803 年在新南威尔士的杰克逊港绘制了铅笔初稿，并收录在《新荷兰植物群插图》（1813—1816）中。

水彩

1805—1812 年

525mm×354mm

昆士兰肉豆蔻

Myristica insipida,

Queensland nutmeg

昆士兰肉豆蔻所属的属是肉豆蔻和肉豆蔻皮的主要来源。斐迪南很可能在北领地的卡奔塔利亚湾西侧地区绘制了铅笔初稿。在画中他还记录了成熟的果实和其中的肉豆蔻。

水彩

1805—1814 年

519mm×352mm

红花银桦 / 班克斯银桦

Grevillea banksii, Banks' grevillea

这种高大的灌木是昆士兰的本土植物，一直以来都是很受欢迎的花园植物。博物学家罗伯特·布朗是第一个描述它的，并用约瑟夫·班克斯爵士的名字命名。斐迪南将其收录在《新荷兰植物群插图》（1813—1816）中。

水彩
1805—1812 年
525mm×356mm

Banksia pulchella, teasel banksia

这种长着黄色花朵的小型灌木长在西澳大利亚的南部海岸，于 1802 年 1 月由博物学家罗伯特·布朗在幸运湾收集。班克木属由卡尔·林奈于 1782 年第一次描述并命名。属名是为了纪念约瑟夫·班克斯爵士，他在 1770 年参加詹姆斯·库克的第一次探险旅程中第一次收集到了班克木属的物种。

水彩
1805—1814 年
526mm×358mm

Banksia coccinea, waratah banksia

这种小树在西澳大利亚西南部被发现，可以长到
8 米（26 英尺）高，春天会开出独特的红色和白色
的花穗。现在，它已经是非常流行的园艺植物，在
澳大利亚常常被当成切花售卖。斐迪南于 1801 年
12 月在乔治国王海峡附近绘制了铅笔初稿，并收录
在《新荷兰植物群插图》（1813—1816）中。

水彩

1805—1812 年

526mm×358mm

Petalostigma pubescens, bitter bark

这种热带雨林树木在东澳大利亚、部分西澳大利亚
地区和北部领土生长。它的树皮和果实在传统上都
被用来制作苦味的补药，并用来治疗发烧。斐迪南
于 1802 年 11 月在北部领土的卡奔塔利亚湾绘制了
铅笔初稿。

水彩

1805—1814 年

515mm×346mm

Scale of one foot

澳洲凤尾松

Cycas media

这种棕榈状、锥形植物广泛分布在昆士兰东海岸。
这种植物的整个植株都有剧毒——斐迪南在寻找的
过程中付出了代价。

水彩

1805—1814 年

525mm×358mm

绿兜帽兰

Pterostylis gibbosa, illawarra greenhood

这是在澳大利亚地区能找到的最大的陆地兰花属。
"greenhood"（绿兜帽）指的是它绿色的花朵，它的
上部形成了一个帽兜，罩住剩下的部分。斐迪南于
1803 年 9 月在杰克逊湾地区绘制了铅笔初稿。

水彩

1805—1814 年

525mm×358mm

Chiloglottis reflexa, autumn bird orchid

The autumn bird orchid 是一种只在澳大利亚和新西兰生长的陆地兰花。它们有时被称为黄蜂兰花，因为兰花的"唇"和雌性黄蜂的身体很相似。斐迪南于 1805 年 3 月在杰克逊湾制作了铅笔初稿，并收录在《新荷兰植物群插图》（1813—1816）中。

水彩

1805—1812 年

525mm×355mm

Calochilus paludosus, red beard orchid

这种小型兰花只在澳大利亚和新西兰生长。花朵有着鬃毛状的外观——正如斐迪南所捕捉到的——也正是它俗名的来源。斐迪南在杰克逊港附近绘制铅笔初稿。博物学家罗伯特·布朗在《新荷兰植物群绪论》（1810）中描述了这一物种。

水彩

1805—1814 年

497mm×325mm

Calochilus paludosa
Brown prodr: 320.

Haemodorum planifolium, blood root

这种呈簇状的药草在悉尼地区被发现。
在过去的困难时期，这种草的根部常被
作为食物，但口感很糟糕，所以它也有
"低劣食物"的称号。斐迪南于 1803 年
11 月绘制了铅笔初稿。

水彩
1805—1814 年
525mm×358mm

Tricoryne elatior, star lily

这种开着引人注目的星状花的草本植
物广泛地分布在澳大利亚的沿海地区。
斐迪南在昆士兰的吉宝湾绘制了铅笔
初稿，收录在《新荷兰植物群插图》
（1813—1816）中。

水彩
1805—1812 年
525mm×355mm

矮蒲葵

Livistona humilis, sand palm

这种棕榈在北领地被发现，一般都是成片生长。在探险者号于 1803 年 1 月驶进蓝泥湾的时候，斐迪南看到了它们形成的独特风景。在那里，斐迪南绘制了铅笔初稿。

水彩

1805—1814 年

527mm×326mm

Franklandia fucifolia, lanoline bush

Lanoline bush 是一种在澳大利亚西南部发现的欧石南丛生的灌木。1801 年 12 月博物学家罗伯特·布朗收集了标本，斐迪南在乔治国王海峡皇家公主港绘制了这幅画。罗伯特·布朗在 1810 年发表的《关于朱西厄的山龙眼科》[1]（*On the Proteaceae of Jussieu*）中描述了这一植物。

水彩

1805—1814 年

528mm×360mm

---

1 朱西厄（Antoine Laurent de Jussieu），法国植物学家，是最早系统地将显花植物分类的植物学家。

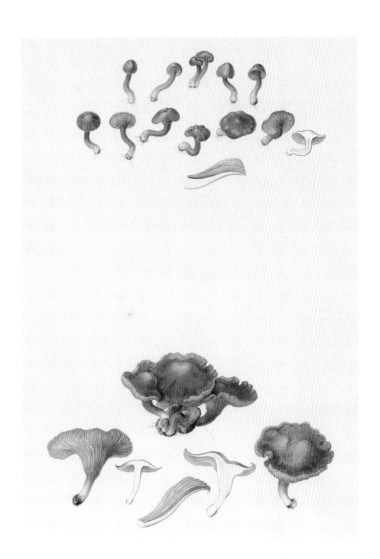

斑点太阳兰

Thelymitra ixioides, dotted sun orchid

斑点太阳兰是一种在澳大利亚东部和南部很常见的兰花。它生长在桉树林里，或者欧石南丛里，从八月到一月会开出蓝色或者紫罗兰色的花朵。斐迪南于 1803 年的夏天在悉尼地区绘制了这种物种。

水彩

1805—1814 年

493mm×323mm

Hygrocybe cheelii, rose pink waxcap

这种真菌生长在澳大利亚东南角的桉树森林的地上。斐迪南的画展示了这种真菌生长的各个阶段。这种真菌是斐迪南画的为数不多的澳大利亚的真菌之一。在今天，这种玫瑰粉色蜡伞科真菌都非常少见。

水彩

1805—1814 年

495mm×325mm

虹彩吸蜜鹦鹉（图片见上页）

Trichoglossus haematodus moluccanus, rainbow lorikeet

虹彩吸蜜鹦鹉在澳大利亚北部、东部和东南部海岸都有发现。在斐迪南第一次遇到它们的时候，就被它们异常明亮的羽毛和嘈杂的叫声吸引了。

水彩
1805—1814 年
335mm×502mm

噪吮蜜鸟

Philemon corniculatus, noisy friar-bird

噪吮蜜鸟在澳大利亚东部和新几内亚南部被发现。它喧吵的喊叫声常被比作"四点的钟声"。但是这种鸟被认为是有害的，因为它会食用商业种植的水果。

水彩
1805—1814 年
502mm×335mm

林肯港鹦鹉

Barnardius zonarius zonarius, **Australian ringneck**

这种环颈动物广泛地分布在澳大利亚，而且适合生活在大多数的栖息地。它最早被英国博物学家乔治·肖（George Shaw）于 1805 年描述。斐迪南最初的铅笔初稿是在澳大利亚南部的记忆湾根据标本画的，画于 1802 年 2 月 22—23 日。

水彩

1805—1814 年

503mm×330mm

红翅鹦鹉

Aprosmictus erythropterus, **red winged parrot**

红翅鹦鹉在澳大利亚东北部分布很广，偶尔还能在巴布亚岛新几内亚看到。这种鸟既栖息在开阔的草地，也栖息在树林里。斐迪南在北领地卡奔塔利亚湾的北岛画了铅笔初稿。斐迪南的画法是 18 世纪博物学的传统画法，将鸟置于一根树枝之上，而不描绘任何细节背景。但是，他的画并不像同时代作品那样呆板。

水彩

1805—1814 年

335mm×501mm

刺尾胎生蜥 / 坎氏石龙子

Egernia cunninghami, Cunningham's skink

坎氏石龙子是一种带刺的蜥蜴，25～30 厘米长
（10～12 英寸），被发现在澳大利亚的温带地区生
活。为了纪念英国植物学家和探险家艾伦·坎宁安
（Allan Cunningham，1791—1839）被命名。斐迪南和
博物学家罗伯特·布朗于 1801 年 12 月底至 1802 年
1 月的早些时候在澳大利亚西部乔治国王海峡海豹
岛捕获了一只。

水彩
1805—1814 年
340mm×495mm

绿纹树蛙 / 绿金铃蛙

Litoria aurea, golden bell frog

绿金铃蛙是一种地表青蛙，在澳大利亚东部被发
现。在过去它很常见，分布广泛，但是现在已经被
归为易危物种。斐迪南很可能是于 1802 年 3 月 22
日在袋鼠岛绘制了铅笔初稿。

水彩
1805—1814 年
335mm×505mm

Acanthaluteres brownie, spinytail leatherjacket

在这幅画中，斐迪南成功地画出了这条鱼的额面相。Spinytail leatherjacket 广泛地分布在澳大利亚海域。斐迪南和博物学家罗伯特·布朗似乎于 1801 年 12 月至 1802 年 1 月早些时候在澳大利亚西部乔治国王海峡的公主湾收集到了一条。

水彩
1805—1814 年
338mm×502mm

蓑鲉，狮子鱼

Pterois sp., butterfly cod

蓑鲉是一个生活在印度洋－太平洋海域的有毒海洋鱼属。斐迪南捕捉了图中的这条狮子鱼醒目的颜色，这也使它们现在成为备受欢迎的观赏鱼。

水彩
1805—1814 年
335mm×501mm

飞鱼属

***Exocoetus* sp., flying fish**

飞鱼最常见于热带和亚热带的海域。现在还不清楚
斐迪南是在什么地方画的这幅画。飞鱼可以做出强
有力地飞跃动作，跃出水面，它很有可能就是这样
落在了调查者号的甲板上的。

水彩

1805—1814 年

335mm×502mm

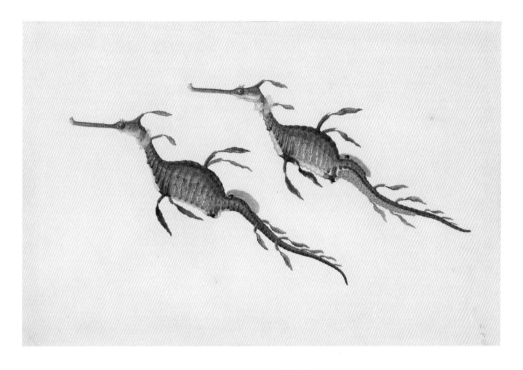

草海龙

Phyllopteryx taeniolatus, weedy seadragon

这些迷人的鱼在澳大利亚的南部和东部海域被发现。就像斐迪南画的其他的海洋动物一样,他通过对色标卡的运用,成功地在鱼离开水褪色后也捕捉到了它们的颜色。斐迪南可能是于 1801 年 12 月在澳大利亚西部的乔治国王海峡绘制了铅笔初稿。

水彩
1805—1814 年
355mm×502mm

远洋梭子蟹

Portunus pelagicus, blue crab

这种蓝蟹在印度洋和太平洋的河口潮间带被发现，它的肉非常可口。斐迪南画的这只是雄性，因为只有它们有这种亮蓝色的外壳。我们不知道斐迪南在哪里画的这幅画，因为这种物种广泛地分布于澳大利亚，可能在他的很多航行中都能见到它们。

水彩

1805—1814 年

329mm×503mm

澳洲水鼠

Hydromys chrysogaster, water rat

水鼠是一种半水生生物，有着厚厚的防水皮毛，部分后脚有蹼。它广泛地分布在澳大利亚，包括塔斯马尼亚岛和其他更小的岛屿。斐迪南和博物学家罗伯特·布朗于 1802 年在布鲁尼岛捕获了一只。

水彩

1805—1814 年

335mm×500mm

加氏袋狸

Perameles gunnii, eastern barred bandicoot

加氏袋狸是一种在澳大利亚东南部的塔斯马尼亚州
和维多利亚州发现的小型有袋动物。它是一种夜行
性动物。当它搜寻食物的时候，它会把它的长鼻子
探进更深的土壤中。

水彩
1805—1814 年
335mm×515mm

袋熊

Vombatus ursinus, wombat

袋熊广泛地分布在澳大利亚东部和南部较冷
的地方，最北可以到昆士兰的各种栖息地。
活体标本于 1805 年被调查者号带回了英格兰，
并在那里存活了 2 年。

水彩
1805—1814 年
335mm×510mm

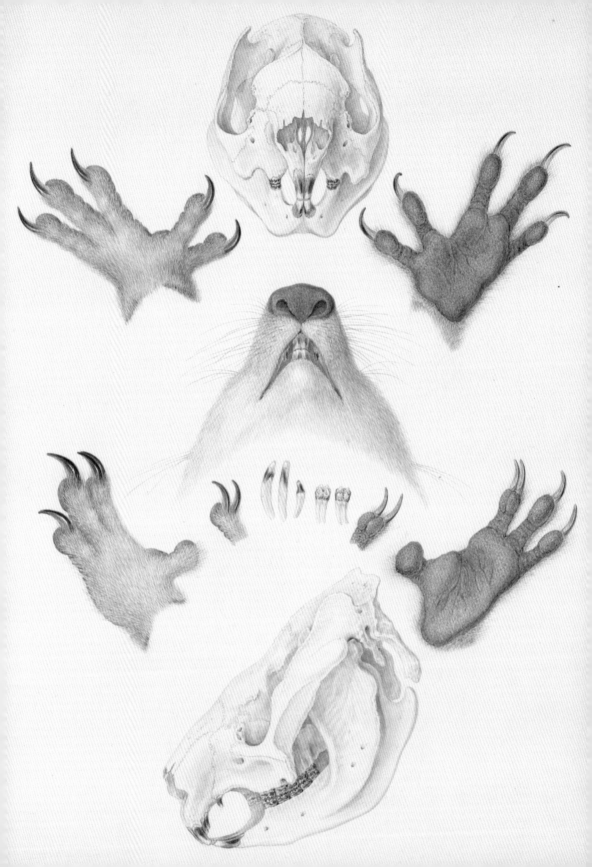

树袋熊 / 考拉

Phascolarctos cinereus, koala

斐迪南画了这幅解剖图来帮助物种鉴定。他在绘画植物作品时也画整个植株和解剖图。

水彩

1805—1814 年

515mm×355mm

树袋熊 / 考拉

Phascolarctos cinereus, koala

考拉——树栖有袋动物——是今天澳大利亚最知名、最被喜爱的动物。斐迪南画中的这一只捕获于今日的新南威尔士州伊拉瓦拉地区的坎布拉山。关于考拉的科学细节的描述于 1814 年由罗伯特·布朗（Robert Brown）第一次提出。

水彩
1805—1814 年
501mm×330mm

小袋鼠

Wallaby

斐迪南将小袋鼠几个物种的特征结合
在一起画了这幅画，所以现在还不能
准确地鉴定这幅画的物种。他于 1802
年 1 月 14 日在洛切切群岛的鹅岛湾
绘制了铅笔初稿。

水彩
1805—1814 年
335mm×512mm

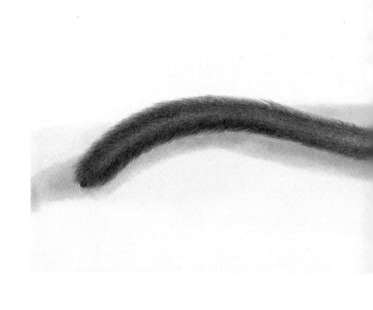

鸭嘴兽

***Ornithorhynchus anatinus*, platypus**

鸭嘴兽是一种在澳大利亚东部发现的半水生哺乳动物。是单孔目的五种物种之一，唯一的卵生哺乳动物。第一个遇到它的欧洲人被它海狸一样的身体和鸭嘴所迷惑。斐迪南于1803年9月8日在杰克逊港附近绘制了铅笔初稿。

水彩
1805—1814 年
329mm×513mm

索引 *Index*

涂 色

Schl 1790

Passiflora quadrangularis